Introduction
生産者は自分で POPやラベルをつくろう！

①お客様は素朴な手づくり感が大好き

POPがたくさん掲示されていて、ラベルが商品にきちんと貼られているお店は、お客様の心をつかみます

POPを書くのが慣れていなくても、どこか素朴であたたかみがあり、アピール力が高いです

　POPやラベルのよしあしは、書かれている文字の上手い下手ではありません。
　商品に愛情を込めた生産者の、どこかあか抜けない文字（ごめんなさい）は、プロのこなれた文字よりもずっと「力」を持っています。だから、デザイナーのようにイラストを上手に描いて、POPやラベルをセンスよく仕上げることを目指さなくてもよいのです。まずは、気を楽にしてください。
　野菜に例えると、形の整った規格品の野菜と、掘りたてで土だらけの野菜の違いでしょうか。規格品の野菜を見慣れている人からすれば、土だらけの野菜は新鮮で美味しそうで、とても魅力的です。
　私がPOPやラベルを書くときも、プロっぽいスマートな文字で書かないで、わざと普通の手書き文字で書くことも多いのです。
　直売所は、お客様にとっては一般的なスーパーマーケットなどと違って、生産者を近くに感じることのできる特別な場所です。生産者の思いがあふれた素朴で飾らないPOPやラベルこそが、プロのデザ

イナーやPOPライターには真似できない「力」があるのです。

直売所に出荷する生産者は、農産物をつくるだけでなく、それらを売り切るまでが「仕事」と考えるべきです。**「私は字を書くのが下手だから……」などと足踏みしていないで、とにかくどんどん書いて、どんどん掲示していきましょう。直売所は、POPが少し乱立するぐらいのほうがいいのです。**

とはいえ、「そもそもPOPをどう書いたらいいのかわからない」「ラベルをどうつくったらいいのかわからない」と躊躇する方は多いと思います。そんな方の突破口として、本書をぜひ活用してください。

私は今までたくさんの直売所の生産者から、POPやラベルについての質問をされ、お答えしてきました。本書は、そんなやり取りを思い出しながら、直売所の現場で本当に使えるような実戦的なノウハウをあますところなく詰め込みました。

本書を読めば、お金や時間をかけずに、身近な道具や素材で、売上げを伸ばすPOPやラベルがつくれるようになります。

また超初心者でも、簡単なイラストが描けるようになります。簡単なイラストをPOPやラベルに入れると楽しい雰囲気になるので、ぜひ覚えてください。

また悪い例→良い例の具体的なビフォーアフターや、実際に成功した事例が満載なので、ご自分に合ったPOPやラベルづくりの大きなヒントになるでしょう。

では、さっそくPOP＆ラベルづくりを始めてみましょう。

プロっぽくこなれたPOPよりも…

一生懸命書かれたPOPは、つたなく見えても信頼感があり、お客様の心に響きます

既製品をお手本にしてラベルをつくるより…

素朴な手書き文字のほうが直売らしくて良いです

生産者は、自作のPOPやラベルで、売上げが確実にアップしていることを実感しています

②小さな直売所の皆さんが一丸となって

皆で力を合わせて、大型POPを書くのに奮闘中

できた！少しのはみ出し等はご愛敬

店内のPOPには、「はんごろし」の意味を書きました

店頭には「はんごろし」の大型POPを設置しています

　徳島県那賀町にある農産物直売所あいおいは、小規模の店舗ながら、「はんごろし」というおそろしくインパクトのあるネーミングのお餅があります。

　あるとき、直売所前の道路工事に伴い交通量が減少したことがきっかけで、売上げも減少しました。そこで、直売所自体の存在感をアピールするための大型POPづくりに生産者が初挑戦することになりました。

　驚いたり、少し不安になったり、大笑いしながらの1日作業でした。「お客様がわからない言葉は書かない」というのがPOPづくりの基本ですが、「はんごろし」に関しては一度聞いたら忘れない強烈なインパクトのある商品名なので、直売所の店頭に大きく「はんごろし」と書いて、小さく「おはぎ」と書き添えることにしました。皆POPづくりは初めての体験なので、文字の色が多少はみ出したりしましたが、それもご愛敬です。店内には、「はんごろし」の意味を説明したPOPも掲示して、お客様に商品の内容を理解していただけるように工夫しました。

　直売所の皆さんが一丸となってつくったPOPは、お客様からも「雰囲気がよくなった」「POPは方言で書いてあるのがいいね」と大好評です。小さくて目立たなかった直売所の売上げは右肩上がりにアップして、「はんごろし」もすぐに売り切れます。生産者の皆さんも制作に参加したことで直売所にさらなる愛着も生まれたとのことです。

③POPとラベルで直売所人気No.1に!

直売所に自家製パンを出荷している方のPOPづくりのお手伝いをしました。

自分の売場で一番売れているという「三角パン」の特徴を出荷者に尋ねたところ、「よくわからないけど、とにかくこのパンを一度買ってくれたお客様はその後何度も買ってくれるんです」という答えでしたので、その言葉をそのままPOPに書きました(**写真①**)。

写真①:出荷者の言葉をそのまま書いた「三角パン」のPOP

そして「お米でつくられた『おこめパン』」のコーナーとわかるように、横幅が80cm程の大きめのコーナーPOPもつくりました。

さらに陳列も少し変えました。三角パンは平台の奥にあり目立ちにくかったので、段ボール箱で底上げをした上に三角パンをのせて立体的にしました。このほうが目立つしお客様が商品を取りやすいからです(**写真②**)。またコーナーPOPは、お客様の目を飽きさせないように、季節ごとにデザインを変えるようにしました(**写真③**)。改善後この三角パンはまたたく間に3.5倍の売上げになりました。

写真②:黒のカラーボードでつくったコーナーPOP。平台の奥の三角パンは、段ボール箱を置いて底上げしています

ラベルは手書きしたものを印刷屋に発注していますが、黒1色で経費をおさえています(**写真④左**)。また、お客様に喜んでもらうために、ハロウィンなどのイベント時にはラベルのデザインを変えて、自分でプリントしています(**写真④右**)。

写真③:大型のコーナーPOPは季節に合わせてデザインを変えています。こちらは夏バージョン

もちろんパンが美味しいことは言うまでもありませんが、POPやラベルでその魅力を伝えることができた例です。地元のテレビ局が取材に訪れ、「この直売所人気No.1の商品」として三角パンが紹介されたこともありました。

写真④:お米の形のラベル(左)と、季節ごとに替えるラベル(右)

直売所のピカイチ 手づくりPOP＆ラベル

全国の直売所で見つけた
ちょっと気になるPOP＆ラベルを
紹介します。

黒い地色の用紙に白文字が、
売場でよく目立っていました

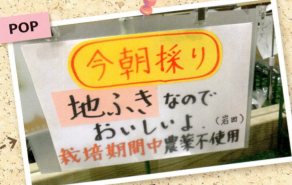

文字がていねいに書かれていて、
読みやすく、誠実さも感じます

POPがパンの形に
なっていて、
とてもかわいいです

擬人化された大根のイラストが
シンプルだけどとってもかわいくて、
インパクト抜群のPOPです

「お嬢様セロリ」というネーミングに興味がわきます

POP

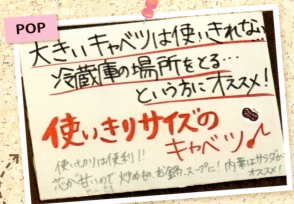

キャッチコピーがダントツの上手さです

ラベル

商品とラベルのイメージが合っていると
お客様からも大好評です

ラベル

枝豆の緑色にピンクのラベルが
よく映えています

ラベル

帯のラベルには調理法や味などの説明も書かれていて、親切です

ラベル

季節柄、トマトがたくさん陳列されていましたが、
それぞれ工夫されたラベルが貼ってあり、楽しく選べました

ラベル

デザインが素敵です。食材についての解説がていねい
に書かれているので、安心して買うことができます

ラベル

カリフラワーのイラストが、囲みワクになっていて素敵です

もくじ

▶Introduction

生産者は自分でPOPやラベルをつくろう！ ……… 2
　①お客様は素朴な手づくり感が大好き ………… 2
　②小さな直売所の皆さんが一丸となって ……… 4
　③POPとラベルで直売所人気No.1に！ ……… 5
直売所のピカイチ手づくりPOP＆ラベル ……… 6

▶PART 1
「売れる」農産物POP＆ラベルとは ……… 9

農産物POP＆ラベルのきほんQ＆A ……… 10
　①そもそもPOPって何？ ……………………… 10
　②POPに何を書けばいいの？ ………………… 10
　③ほかの生産者の手前、自分だけPOPを書くのは気が引けますが？ ‥ 10
　④ラベルってどういうものなの？ …………… 11
　⑤自分だけが「朝どり」をしているわけじゃないんだけど？ ‥ 11
　⑥皆がPOPを掲示しているので、自分のPOPが目立ちません ‥ 11
　⑦店長が「甘い」と書いてはいけないと言います ……… 11
イマイチから「売れる」POP＆ラベルへ！ ……… 12
　①「メリハリ」で差をつける …………………… 12
　②「キャッチコピー」で差をつける ………… 13
　③「色使い」で差をつける …………………… 14
　④「イラスト」で差をつける …………………… 15
　⑤「ちょっとした工夫」で差をつける ………… 16

▶PART 2
POP＆ラベルづくりのヒント ……… 17

キャッチコピーづくりのコツ ………………… 18
　①「美味しい」を具体的に伝える …………… 18
　②「新鮮」を積極的に伝える ………………… 19
　③「そのまま味わえる」ことをおすすめする … 20
　④「こだわり」を伝える ……………………… 21
　⑤「擬態語」を使おう ………………………… 22
　⑥「たっぷり」を強調する …………………… 23
　⑦「栄養」の書き方を工夫する ……………… 24
　⑧生産者が自己紹介する ……………………… 25
　⑨「クチコミ」を書く ………………………… 26
　⑩「生産者ならでは」の「農家直伝レシピ」を書く ‥ 27
　⑪「無農薬」と書けないけれど……伝えたい … 28
　⑫「縁起が良い」ことをアピールする ……… 29
　⑬「人気ランキング」で伝える ……………… 30
　⑭珍しい野菜のキャッチコピー ……………… 31
　⑮キズものや規格外の野菜のキャッチコピー … 32
　⑯2つのNGフレーズ ………………………… 33
売上げアップのためのひと工夫 ……………… 34
　①予約ができることをお知らせする ………… 34
　②箱や袋を準備するだけでお土産にもできる … 35
　③保存方法を知らせる ………………………… 36
　④お助けレシピを持ち帰ってもらう ………… 37
よもやまコラム①POP編 ……………………… 38

▶PART 3
POP＆ラベルの書き方・つくり方 ……… 39

準備するもの …………………………………… 40
　①筆記具（丸ペン、角ペン、筆ペン、色鉛筆など）‥ 40
　②用紙について ………………………………… 41
POP文字を書いてみよう ……………………… 42
　①丸ペンで書く ………………………………… 42
　②角ペンで書く ………………………………… 44
　③筆ペンで書く ………………………………… 46
　④大きくて太い文字の簡単な書き方 ………… 48
　⑤いろいろな応用文字と吹き出し …………… 49
　⑥レイアウトの考え方 ………………………… 50
　⑦もしもレイアウトに失敗したら …………… 51
簡単な工夫でワンランクアップ ……………… 52
　①水玉模様を描き加える ……………………… 52
　②罫線をあしらう ……………………………… 53
　③マスキングテープを貼る …………………… 54
　④台紙を工夫する ……………………………… 55
　⑤ダンボールに書く …………………………… 56
　⑥家に届いた茶封筒に書く …………………… 57
　⑦写真を使う …………………………………… 58
　⑧フラッグPOP＆ミニのぼりPOP ………… 59
誰でも描ける！ 簡単イラスト ………………… 60
　①家族の顔を描いてみよう …………………… 60
　②変化をつけてみよう ………………………… 61
　③直売所で出番の多いイラストの描き方 …… 62
　④○△□で描く野菜＆果物の簡単イラスト … 63
　⑤季節の簡単イラスト ………………………… 64

▶PART 4
ラベルづくりの実際 ……… 65

自分でラベルをつくろう ……………………… 66
　①ラベルの必要性 ……………………………… 66
　②ラベルをつくるにはいろいろな方法がある … 67
ラベルづくりのひと工夫 ……………………… 68
　①低コストで手間をかけないひと工夫 ……… 68
　②ラベルに入れる一言をひと工夫 …………… 69
　③アピールを高めるひと工夫 ………………… 70
　④売場でラベルを活かすひと工夫 …………… 71
よもやまコラム②ラベル編 …………………… 72

▶PART 5
便利な付録集 ……… 73

4カ国語対応キャッチコピー集 ……………… 74
コピーして使えるラベル集①今朝とりました ……… 75
コピーして使えるラベル集②手づくりしました！ ……… 76
コピーして使えるラベル集③農家の自家製 ……… 77
コピーして使えるラベル集④新鮮ですヨ ……… 78
コピーして使えるラベル集⑤いろいろ ……… 79

「売れる」農産物POP&ラベルとは

▶ 農産物POP&ラベルのきほんQ&A

▶ イマイチから「売れる」POP&ラベルへ！

農産物POP＆ラベルの
きほんQ＆A

そもそもPOP＆ラベルって何でしょう？　日頃、生産者からよく質問されることをまとめてみました。きっと、心のもやもやが取れると思います。

❶ そもそもPOPって何？

　POPとは、「Point of Purchase Advertising（ポイント・オブ・パーチェス・アドバタイジング）」の略で、**一般的には「ポップ」と呼ばれています。日本語に訳すと「購買時点広告」で、売場にある広告のこと**です。「ものを言わぬセールスマン」と言われています。

❷ POPに何を書けばいいの？

　POPに何を書くのか、特に決まりはありません。**お客様にお伝えしたいことを書くのがPOPです**。ただし、お客様に伝えたいことがお客様の知りたいことではない場合もあるので、気をつけましょう。例えば「新しい品種です」と書いても、お客様からすれば「だから何？」となってしまいます。お客様にとっては、「品種改良した結果、皮ごと食べられます」「いっそう甘くなりました」と書かれていたほうが魅力的です。

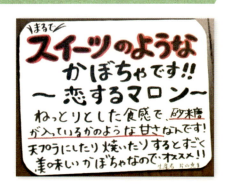

❸ ほかの生産者の手前、自分だけPOPを書くのは気が引けますが？

　POPは売上げを上げるためだけのものではなく、お客様のおもてなしをする役割もあります。せっかく足を運んでくれたお客様が、POPもなく素っ気ない売場ではがっかりします。同じ野菜や加工品が並ぶ中で、POPがあるとうれしいものです。**どんどんPOPを掲示して、明るい売場にしてください**。抵抗があるなら、「新鮮！」などの一言から始めてはいかがでしょうか。

④ ラベルってどういうものなの？

ラベルは、出荷物の「顔」です。 青果や加工品にラベルを貼っておくと、初めてのお客様の目を引き、リピーターの目印にもなります。ラベルには商品名だけでなく「新鮮」「自家製」などのアピールや、「天ぷらに」など調理法を一言書くことで、お客様に出荷物の価値を伝えることもできます。

⑤ 自分だけが「朝どり」をしているわけじゃないんだけど？

自分だけが「朝どり」しているわけではなくても、気にせずにぜひアピールしてください。**お客様は新鮮な商品だとわかっていても、POPに「朝どり」と書いてあるとうれしいものです。** ほかの生産者も「朝どり」と書いているなら、あなたはさらにもう一言、味やこだわりの違いなどをプラスして書けば、差別化することができます。

⑥ 皆がPOPを掲示しているので、自分のPOPが目立ちません

大きい文字を書いたり、用紙の色や形を変えたり、イラストを加えたりして克服しましょう。 用紙のサイズには制限があっても、たとえば用紙の色を黄色にして、雲やハート形に切り抜くと、右の例のように目立つようになります。またメインの文字を大きく太く書けば、メリハリがつくのでさらに目を引くようになります。

⑦ 店長が「甘い」と書いてはいけないと言います

「甘い」のコピーは違法ではありませんが、主観的なためクレームにつながりやすく禁止している店がありますね。その場合、「糖度〇〇度」と真実を書く方法があります。お客様にとっては〇〇度と言われてもピンときませんが、甘さに自信があることは伝わります。また、「甘くて美味しいと言われます」など、お客様に感想を聞いて書く方法もあります。

イマイチから「売れる」POP&ラベルへ！

ちょっとした工夫をするだけで、今までのイマイチだったPOPやラベルが見違えるように「売れる」POP&ラベルに変身します。

①「メリハリ」で差をつける

せっかくキャッチコピーを考えて、ていねいに文字を書いても、メリハリがなければお客様の目には止まりません。メリハリを出すコツは、一番言いたいことを一番大きく書き、その他の項目を小さく書くことです。

イマイチPOP

すべての項目がほぼ同じ大きさで書かれているため、メリハリがなく、目立ちません

「売れるPOP」

一番メインのコピーを大きく、その他の項目は小さくして、メリハリを出しました

イマイチラベル

書く項目がPOPに比べて少なくても、メリハリがなければ読みにくいです

「売れるラベル」

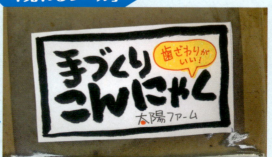

ラベルの場合も、POPと同じようにメリハリを意識して文字を書きます。出荷者の名前は、小さく書くようにします

②「キャッチコピー」で差をつける

「キャッチコピーを考えるのは苦手」という方が多いです。そんな方の共通点は、1から10まで自分で考えないといけないと思っているところです。**18ページからのキャッチコピー例をそのまま使ったり、一部変更するなどして活用してください。**ほかのお店で「いいな」と思ったキャッチコピーを真似るのも良いです。「真似」は悪いことではなく、1つの方法なのです。

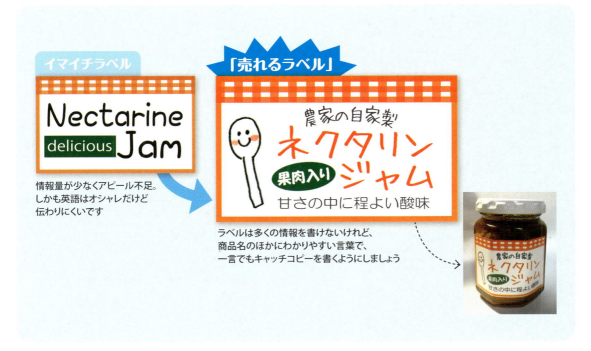

❸「色使い」で差をつける

　POPやラベルを書くとき、どうしても色数をたくさん使いたくなりますが、**色数が多いとごちゃごちゃしてしまい、売場で目立ちません**。1枚の用紙に3～4色以内におさえるとよいでしょう。用紙の色も色数に入れます（白と黒は除外）。ラベルを自分で印刷する場合、用紙の下地の色に濃い色を使うとインク量が多くなってコストがかかるため、白または薄い色を使うのがおすすめです。

使っている色数が多いと、楽しそうには感じますが、ごちゃごちゃして読みにくく、売場で目立ちません

色数が少ないほうがすっきり見やすいです。

自分で印刷する場合、下地に濃い色を使うとインクのコストが高くなります

トマトの色である赤色はタイトル文字の色に使い、下地は白にしてコストをおさえました

④「イラスト」で差をつける

　イラストはPOPに必ず入れたほうがいいとは言いませんが、イラストのあるPOPは注目度がぐんとアップします。そこで、誰にでも描ける簡単なイラストの描き方を60ページから紹介しました。**描き慣れていなくても、素朴なイラストはきっとよい味になり、お客様の心をつかむはずです。**ぜひチャレンジしてみてください。

イラストがないからといってPOPが見にくいわけではないけれど……

ニンジンに目や口を描いて擬人化したイラストを入れてみました。楽しい雰囲気になり、注目度がぐんとアップします

一言書いたラベルだけでも効果はあるけれど……

簡単なイラストが少し入っただけで、もっと素敵になります

⑤「ちょっとした工夫」で差をつける

そのほかにも、「売れる」POP＆ラベルをつくる方法はたくさんあります。**本書では、そのローコストで効果的なアイデアやコツを豊富に紹介しています。** ぜひ参考にして、生産者もお客様もみんな笑顔の直売所にしてください！

「売れるPOP」

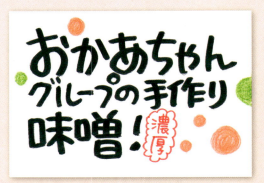
水玉模様を描き入れるだけで、注目度アップ！　▶p.52

文字のまわりをマスキングテープで囲いました　▶p.54

ダンボールに書きました　▶p.56

茶封筒に書きました　▶p.57

商品とスタッフの写真を切り貼りしました　▶p.58

用紙の4辺に、雰囲気に合った折り紙を貼りました
▶p.55

POP＆ラベルづくりのヒント

▶ キャッチコピーづくりのコツ

▶ 売上げアップのためのひと工夫

キャッチコピーづくりのコツ

　POPは見た目ももちろん大切ですが、書かれている内容（＝キャッチコピー）がとても重要です。いくらキレイなPOPが書けたとしても、書かれている内容がお客様に響かなければ、お客様は商品を買ってくれません。ここで紹介する16例を参考につくったり、そのままコピーを引用したりして、実践してみてください。

①「美味しい」を具体的に伝える

　ただ「美味しい」と書くだけでは、お客様の心に響きません。どのように美味しいのか、具体的に表現しましょう。**コツは、「香り」、「食感」、「味」で表現することです。**

　「香り」だったら、「お口の中がよもぎの香りいっぱいに」といった感じに。「食感」では、「外はカリッ！中はとろ〜」といった感じです。以前、白菜農家さんが「自分でつくった白菜しか食べたことがないから、これが当たり前の味なので特に良さがわからない」と言っていました。そんなときは、一般的な白菜と食べ比べてください。競合を知るというのは大切なことです。すると、自分の白菜は一般の白菜より「甘味がある」とか「芯まで柔らかい」など、当たり前だと思っていた「味」が浮き彫りになるはずです。

「よもぎの香り」を具体的に伝えています

「舌でとろける」という食感を伝えています

「まるでスイーツ!?」で、甘さを強調しています

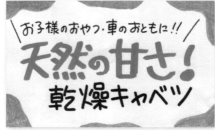
「天然の甘さ!」は、質のいい美味しさが伝わります

きゅうりの美味しさを様々な言葉で表現しています

②「新鮮」を積極的に伝える

　「直売所なんだから、商品が『新鮮』なのは当たり前。あえてPOPに書く必要はない」と思っていませんか？　遠方からお客様が直売所に足を運んだり、観光バスが乗り入れる理由は、やはり『新鮮』が求められているからです。**同じ種類の野菜でも、「新鮮」と書いてあるものと書かれていないものがあれば、前者を選ぶのがお客様の心理です。**

　「朝どり」「朝掘り」と書けば、農家さんが作業をしているイメージも浮かびます。「5時に収穫しました」と具体的な時間を書いてもいいです。ある直売所で、鮮度さが命と言うべきタケノコに「8時5分に掘りました」など細かい時刻を書いている出荷者がいました。思わず笑ってしまいましたが、1人でコツコツ掘っている姿が想像できました。また、わざと収穫を午後にずらし、出荷する方もいます。そんなときは、「午後から出荷」や「14時にとりました」とアピールしてください。「朝は霜が降りるから夜に収穫している」という方もいます。同じく理由も書いて夜に収穫したことを伝えましょう。

「とれたて」に加えて
「初採り」もお客様にはうれしい情報です

採ってから出荷までの時間が短いということがわかります

「新米」のうれしさと「限定である」というプレミアム感が
購買意欲をかきたてます

「漁港直送」はうれしい情報です

せっかく午後に
出荷するなら
「新鮮」ではなく
「午後から出荷しました」
と具体的に伝えましょう

③「そのまま味わえる」ことをおすすめする

　テレビでよく見かけるのが、畑の真ん中でリポーターが、採りたて野菜をマヨネーズや塩をかけずにそのまま美味しそうに食べるシーンです。インパクトが強く、こんなふうに私もそのまま生で食べてみたいという気持ちになる人も多いでしょう。**「味付けせずにそのまま生で食べて美味しい」のは新鮮な証拠です。こんなふうにそのまま食べることができるというのは、お客様からすればこれほど贅沢なことはありません。**だから、POPにも「ぜひ生で味わってください」や「そのまま丸かぶりがおすすめ」と書かれてあるとうれしいです。特に普段は生で食べない白ネギやブロッコリー、ピーマンなどであれば、インパクトはさらに強いです。魚介類であれば「刺身で食べられます」の一言でグンとその魚の信頼性がアップします。豆腐などの加工品であっても「まずはしょう油をかけずに食べてください」など、「そのまま味わえる」をアピールしてみてください。

「丸かぶり」で美味しいのは、新鮮な証拠

「刺身で食べられます」の一言は、信頼性がアップします

シンプルな食べ方をおすすめできるのは「新鮮で美味しい」証拠

加工品でも「そのまま味わえる」をアピールできます

④「こだわり」を伝える

　ある出荷者から自家製のトマトケチャップが売れないと相談がありました。それは市販のケチャップの3倍程の値段です。それなのにPOPには特徴やこだわりについての説明が一切なく、あるのは「もぐもぐグループの」というよくわからないグループ名だけです。こだわりを尋ねると「ただ普通に手づくりしているだけ」と何を聞いても「ただ普通に」と言われます。「防腐剤は?」と聞くと「入れてないので賞味期限が早いんです」と返答されました。

　確かに直売所の出荷物は**どれも地元で採れた新鮮な食材で手づくりされていますが、それを当たり前だと捉えるともったいないです。**食材(バター、塩、水、卵、ダシなど)や加工方法(自家製、手間をおしまず、ひとつひとつ丁寧に、杵つき)にこだわりがあることをアピールしましょう。

説明不足のPOP

「こだわり」を伝えているPOP

「塩」にこだわっていることを伝えています

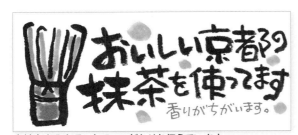

産地名を入れることで、こだわりを伝えています

農法のこだわりを伝えています

⑤「擬態語(ぎたいご)」を使おう

　キャッチコピーを考えるのが苦手な人でも、擬態語を使うと考えやすいです。テレビ番組の食リポーターが「美味しいです」なんていうと「それだけ?」と思いますが「おぉぉぉぉ～これは美味しい」と擬態語を加えるだけで、具体的なコメントがなくても美味しさが伝わります。

　また、**擬態語を使うと臨場感も出ます。**会話の中で「ハチミツをドバっとかけた」と「ハチミツをピッとかけた」では、ハチミツの分量の違いを表現すると同時に、ピッとつけるときの手の緊張感まで伝わります。洋食店でオムレツをアピールするPOPに、大きな文字で「ふわとろ」と書いたところ、オムレツの売上げがすぐにアップしました。直売所でも、例えば「じっくり煮込みました」より「じっくりコトコト煮込みました」のほうが優しいイメージになり、煮込んでいる情景が思い浮かびやすくなります。擬態語が感情に訴えかけているのです。

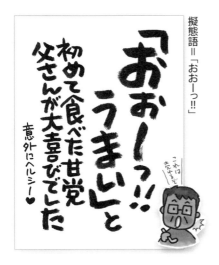

⑥「たっぷり」を強調する

　イベントで野菜の袋詰め放題を開催すると盛り上がります。「たっぷり」は皆が大好きなのです。**キャッチコピーにも「たっぷり」を盛り込むと美味しそうで、しかもお得感のあるPOPになります。**「クリームがはみ出さんばかりに」「具だくさん」というような表現のほか、「肉汁がじゅわ〜っと」「くるみがごろごろ…」「お肉がガッツリ…」「野菜がどっさり…」など、擬態語を使って「たっぷり」感を表現してもわかりやすいです。

　「丸ごと1個入ってます」や「大きな栗を丸ごと包みました」と「丸ごと」を強調したり、「5種類の野菜と一緒に煮込みました」など具体的に数字を入れてもわかりやすいです。単純に「たっぷり」を「た〜っぷり」と「〜っ」を入れるだけでも量が増した感じがします。皆さんの出荷物に合う「たっぷり表現」を見つけてください。

「〇〇g」ではなく「コーヒーカップ2杯分」と表記することで、「たっぷり感」をわかりやすく表現

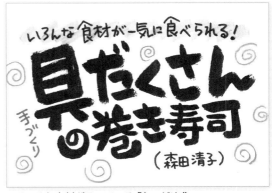

いろいろな素材が入っている「たっぷり感」

「ごろごろ」の「たっぷり感」

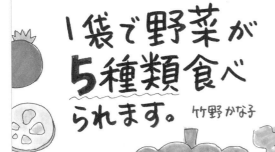

「5種類」と数字で表現する「たっぷり感」

⑦「栄養」の書き方を工夫する

　全ての食材にはなんらかの栄養があります。そのため、キャッチコピーに「栄養成分」について書くなら、その野菜がほかに比べて抜きん出ていて、しかも皆が知っている栄養成分（ビタミンCやポリフェノールなど）に限ります。例えばキャベツにのPOPに「ビタミンK、ビタミンUが含まれています」と**一般に浸透していない栄養成分を何の工夫もなく書いても、アピールにはなりません**。その場合は、「加熱より生がおすすめ！ビタミンが逃げませんよ」「芯の周辺にビタミンKが多く含まれています」「キャベジンと言われる珍しいビタミンUを摂ることができます」と、**よりわかりやすく伝える工夫をするとよいです**。

　栄養成分を書くとき、「ビタミンCをたっぷり摂って風邪予防」「玉ねぎの〇〇で血液サラサラに！」「コレステロールを下げる効果あり」などと効果効能まで書くと違法になります。

Before

一般に浸透していない
栄養成分を並べても
アピールにならない

栄養を逃さない調理法を伝えています

「体にありがたい」で、栄養のあることが
想像できます

夏の体にいいという気持ちになります

ことわざを使って、栄養を伝えています

⑧生産者が自己紹介する

　お客様にとって直売所と一般的なスーパーとの決定的な違いは、生産者との距離感です。**直売所では生産者が直接出荷しているため、お客様からすれば「商品＝生産者」というイメージを持っています。ということは、生産者自身のアピールをすれば出荷物の価値も上がるということです。**アピールというとハードルが高そうですが、簡単な自己紹介をするつもりで書いてみましょう。「農業一筋30年」や「梅農家グループがつくった○○」「家族皆で育てた○○」など、出荷物名の前に簡単に自己紹介を入れるだけで、お客様はその出荷物に愛着がわきます。生産者の写真や似顔絵を貼っておくと、お客様も生産者のイメージがしやすくもっと距離感が近くなります（p.58）。マンガ風にしてキャラクターのようにしても覚えてもらいやすいです。

熟練の農家がつくった野菜は美味しそうです

生産者の意気込みを伝えています

「ベテラン母ちゃん」のつくる料理は美味しそう

生産者が出荷物に愛着があることが伝わります

生産者をキャラクター風のイラストで描きました

⑨「クチコミ」を書く

　ネットショップで買い物をするとき、サイトに書き込まれている「クチコミ」を参考にする方も多いはず。クチコミは店側の売り込み言葉とは違い、損得勘定のない素直な気持ちが書かれているからです。

　直売所でも、お客様はこの食材を買おうか買うまいか、買うとすればどの生産者がいいのかなど、常に迷っています。 そんなとき、クチコミが役立ちます。お客様がPOPにクチコミを書くわけにはいきませんが、「とても甘くて美味しかったと言ってくださいます」「毎年これを食べるのが楽しみと言われます」など、実際にお客様から言われた感想をPOPに書きましょう。感想を聞けそうなお客様や、店舗スタッフに直接聞いてもいいでしょう。感想でなくても、「この時期しか採れないので、まとめ買いをされる方が多いです」「お子様連れの方に人気です」「ちょっとしたお土産にされる方も！」など、事実に基づいた状況を書くのもいいですね。

お客様の感想だけでなくても、
このような事実があればPOPに書きます

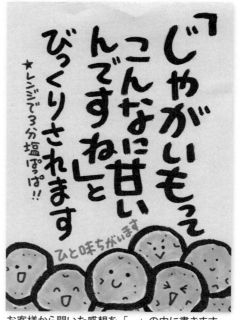

お客様から聞いた感想を「　」の中に書きます

お客様の状況を
POPに書きます

⑩「生産者ならでは」の「農家直伝レシピ」を書く

鍋野菜の代表ともいえる白菜に「お鍋にどうぞ」というキャッチコピーや、かぼちゃに「煮物にどうぞ」など、料理の初心者でも考えつくようなレシピを書いているPOPが多いです。**せっかく農家さんが直接POPを書くのですから、お客様は「農家直伝レシピ」を期待しているはずです**。凝ったレシピでなくても、例えば通常捨ててしまう野菜の葉っぱや芯、石づきを使ったレシピなどでもいいのです。レシピをPOPに書く場合は、3ステップくらいの簡単な手順で説明しましょう。その理由は3つ。①長文だとむずかしい料理だという印象を持たれる、②売り場で覚えて帰れない、③文字が小さくなって見にくい、です。説明不足になるようなら、レシピのリーフレットを別に用意して、持ち帰ってもらいましょう。

直伝レシピが思いつかない場合は、「お鍋にどうぞ」のコピーに「新鮮だから芯までやわらかい」「鍋の主役級になる美味しさ」などと言葉をつけ足すだけでも、直売野菜の値打ちが上がります。

レモンの消費がアップしそうなレシピです

「生産者ならでは」の「農家直伝レシピ」

生産物を熟知する農家だからこそ伝えることができる下処理方法を書きました

⑪「無農薬」と書けないけれど……伝えたい

　直売所に来店される多くのお客様は「無農薬野菜」に強い関心を持っています。実際、農薬を使っていない農家さんも多いのですが、POPに「無農薬」と書くと表示違反になってしまいます。**農薬を使っていないのにと嘆く農家さんも多く、もどかしいところですが、それなら違反にならない書き方でお客様にアピールしましょう。**

　「栽培期間中の農薬回数0回」と工夫して書いているPOPを見かけたことがありますが、これはOKです。「栽培期間中、農薬を使っていません」も大丈夫。栽培している期間だけじゃなく農薬を使っていなければ、注釈で「栽培期間中以外でも農薬を使っていません」と書けます。

　その他、間接的な表現としては「毛虫は割りばしで除去しています」「おたまじゃくしやハチが遊びに来れる安心な田んぼ」など。これなら農家さんの涙ぐましい努力を「安心して食べていいんだな」と理解してもらえます。

Before

生産物と生産者名
だけのPOP

「無農薬」と書かずにアピールするPOP

こんな事実があれば、アピールしてください

農薬を使っていないことが伝わります

⑫「縁起が良い」ことをアピールする

　特に縁起をかつぐ習慣のない人でも、茶柱が立つと思わず微笑んだり、子供の受験や試合の前日に縁起の良いものをつくってあげたくなるものです。**日本にはいろいろな縁起の良い食材があります。「昆布→よろこぶ」のように昔から言い伝えられてきた定番や、最近では「いりこ→入校」のような特に受験シーズンに縁起をかついだ言葉をPOPにして、アピールしましょう。**

　また、日本の行事食を伝えるのもいいでしょう。ご先祖様の感謝の気持ちや健康を願ってのことなので大切に伝えていきたいものです。柏餅なら「柏の葉は、新芽が出ないと古い葉が落ちないので、子孫繁栄の縁起ものです」と、由来も添えると興味を持ってくれます。おはぎやぼたもちも1年を通して販売していることが多いですが、お彼岸時期には専用POPで特別感を出しましょう。

昔ながらの縁起の良さを伝えます

「オクラ（五角）→合格」で縁起が良いことを伝えます

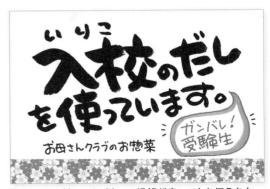

「いりこ→入校（いりこう）」で縁起が良いことを伝えます

小さな幸せのときでも赤飯を食べるというきっかけになります

日本の行事に合わせたPOPも大切。お彼岸の時期は毎年微妙に違うので、日にちも入れました

⑬「人気ランキング」で伝える

　居酒屋に入り、たくさんのメニューの中から選択するのは一苦労です。そんなとき、「人気ランキング」のPOPがあれば助かります。このPOPのついたメニューを選ぶということは、いわば美味しさを約束されたようなものだからです。人気ランキングはほかの生産者とは関係なく、自分の出荷物内で決めます。紛らわしければ「○○工房人気No.1」と工房名を書けば問題ありません。

　これなら時間のないお客様も「とりあえず人気のものを買っていこう」という気持ちになってくれるはず。ランキングは出荷者の希望ではなく、本当のことを書きましょう。人気No.1〜No.3くらいが適当ですが、種類が少なければ「人気No.1」だけでも大丈夫です。出荷者がおすすめしたい商品がランキングから漏れている場合は、「私のおすすめはコレ！」と、別にPOPで表示すると興味を持ってくれます。

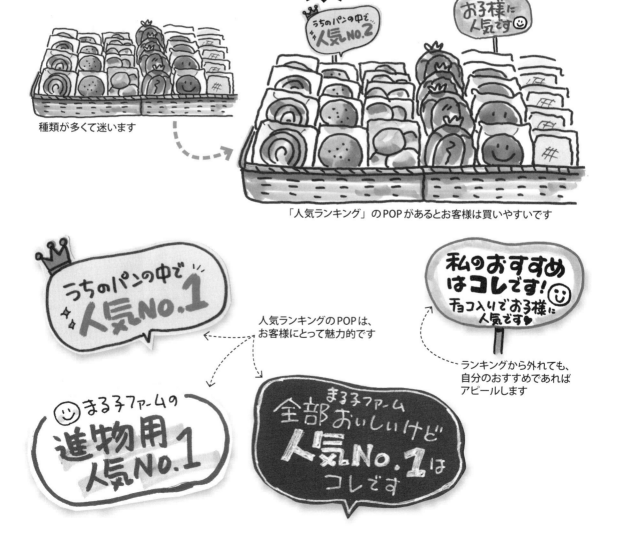

⑭珍しい野菜のキャッチコピー

　一般的なスーパーでは出回らない珍しい野菜を見つけるのも、直売所で買い物をする醍醐味です。スイスチャード、そうめんかぼちゃといった不思議な野菜もあります。白っぽく細長いキュウリや、黒い大根など、伝統野菜を積極的に生産している方もいます。そんな珍しい野菜のPOPによく見かけるのは、原産地や何科に属しているかという内容です。**お客様からすれば原産地より、味と調理法が知りたいです。**「爽やかな酸味」や「くせのないあっさりした味」と書くのもいいですが、皆が知っている食べ物に例えて「なしの味と食感に似ています」と書いても理解されやすいです。調理法も「ほうれん草と同じ調理法で」と書けば、おひたしや炒め物にすればいいと理解してくれます。珍しい野菜でも生産者は毎日見ているため「皆知っているはずだ」と思い込んでいる方が多いですが、一般的なスーパーで販売されていなければ、それは珍しい野菜なのです。

ブロッコリーと同じ調理法だとわかると、買いやすいです

サツマイモに似ていても、味も調理法も違うことが理解できます

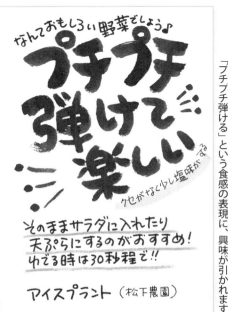

「プチプチ弾ける」という食感の表現に、興味が引かれます

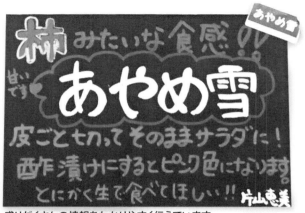

盛りだくさんの情報をわかりやすく伝えています

⑮キズものや規格外の野菜のキャッチコピー

　丹精込めてつくった農作物でも曲がったり、傷がついたり、規格サイズでないことがあります。これらは一般のスーパーでは味に関係なく規格外になってしまいますが、直売所のお客様は大歓迎だと思う人も多いはずです。とは言え、やはり味が少し気になるところです。**そんなお客様の不安を払拭すべく、POPに「味は変わりなく美味しい」ことや、「ジャムにどうぞ」「そのまま漬け物に」などと活用法を書きましょう。**その際に「味はバツグンだけどキズがあります」とマイナス面を後に書かずに、「キズはついているけど味は変わりなくバツグンです」と良いことを後に書きましょう。この順番が違うと印象が全く違います。

　直売所では、間引き野菜も販売されています。この場合も、お客様が野菜の小さいサイズに戸惑わないように、「白和えにおすすめ」「ベーコンと一緒に炒めて」「そのままかき揚げに」など、生産者がおすすめする簡単なレシピを書くといいでしょう。

先にマイナス面を書いてから、プラス面を書きます

規格外サイズならではのレシピを書きます

規格外でも
味は変わらないことを伝えています

⑯ 2つのNGフレーズ

　POPでよく見かけるキャッチコピーだけど、あまり心を動かされないと思うNGフレーズが2つあります。

【ご賞味ください】 POPを書くとき、キャッチコピーが思い浮かばなかったり、用紙にできた余白を埋めたいときにこの一言を書く方が多いです。「そういうことなら食べてみようかな」とは思わないですよね。なぜならこれは通り一辺の言葉なので、心に響かないのです。本当に食べてほしかったら、「自信の味です。ぜひ食べてほしいです！」と、普段の会話と同じように、生産者自身の言葉としてその思いを書くべきなのです。

【いかがですか】 これを使うと、キャッチコピーは簡単にできます。「煮物にいかがですか」「おやつにいかがですか」「そうめんのトッピングにいかがですか」など、次々にできますが、アピールが中途半端のため、お客様はどう反応すればいいのかわかりません。「なんと言っても煮物がおすすめ」「ご年配のおやつに人気！ 粒あんも手づくりです」「意外にそうめんのトッピングに合いますよ！」など、「なぜおすすめするのか」を具体的に書くことが大切です。

【ご賞味ください】は
NGフレーズ！

普段の会話と同じように、
生産者自身の言葉としてその思いを書きます

【いかがですか】は
NGフレーズ！

「なぜおすすめなのか」を書きましょう

売上げアップのためのひと工夫

生産者は出荷物をつくるための手間暇は惜しまないけれど、販売となると消極的になりがちです。売上げをアップさせるために、もうひと工夫してみましょう。そうすることで、お客様にも喜んでいただけるので、一石二鳥です。

①予約ができることをお知らせする

お客様には、その商品が必ず欲しい日や、子供会や自治会、クラブの集会のお弁当やおやつなど、まとまった数量が必要なときがあります。**出荷者の皆さんは「予約ができることなど言わなくても、お客様はわかっているに違いない」とか「自分ばかり売り込むのも何だか気が引ける」と思っていませんか？** お客様からすれば、まとまった量を発注するという段取りに慣れている人ばかりではありません。また、たまたま予約ができるPOPを見て、「そういえば今度の総会で弁当が20人分必要だったんだ、一度ここで発注してみよう」と思うきっかけになるかもしれません。

少量でも予約できるというのは、
お客様にとってうれしい情報です

お客様はわかっているだろうと決めつけずに
伝えておくと、販売チャンスを逃しません

最低注文数や予約期限が書かれていると、
お客様にストレスを与えません

②箱や袋を準備するだけでお土産にもできる

　お客様が自宅用に購入するつもりの商品を、ちょっとしたお土産用にも考えてもらえると、販売チャンスは拡大します。お客様は、もともと直売所の出荷物に「新鮮」「自家製」「安心」「美味しい」というイメージを持っているので、家族以外へもお土産として自信を持って贈ることができるはずです。しかし、お土産にしたい気持ちはあるけれど、包装がレジのビニール袋ではちょっと見た目が……と二の足を踏むお客様もいるかもしれません。**そんなとき、実際の値段より高く見えたり、オシャレに見えたりするような包装があると、お土産用に買いやすくなります。無地のレジ袋や紙袋にお手製のラベルを貼っただけでも、イメージはがらりと変わります。**加工品には、お土産用の箱を用意するのもいいでしょう。例えば、お客様がいつも買っているジャムに、3個入りの箱があれば見た目もよく、ギフトとして利用してくれるかもしれません。

現物を近くに置けない場合は、写真を貼ってイメージを伝えましょう

紙袋の価格は必ず記載しましょう。紙袋が売り場にない場合は、実物見本を1個置いておき、どこで袋がもらえるかも書いておきます

紙袋にハンコを押しても素朴な感じで素敵です。スタンプインクにはいろいろな色があります（写真は私の持っている消しゴムハンコ）

③保存方法を知らせる

　直売所は遠方から来るお客様も多いですが、野菜は賞味期限が短いため、たくさん買えなくて残念に思っている方も多いと思います。そこで、**冷凍保存ができることをお伝えすれば、さらに出荷物に手を伸ばしてくれるはずです。**POPには「茹でて刻んでから冷凍しておくと便利です」「生のままカットして冷凍すると新鮮なまま長持ち」など具体的に書いておくとお客様の迷いがなくなります。

　また、「常温で解凍してください」「解凍はチン2分」「冷凍のまま味噌汁の中へ」など、解凍の方法も合わせて書いておくと、料理のイメージがふくらんでさらに買いやすくなります。

　冷凍に向いていなくても、「濡れた新聞紙に包んで…」「冷蔵庫に立てて保存で新鮮長持ち」などと、日持ちする方法を伝えてください。

解凍方法も書かれているので親切です

新鮮なまま長持ちする保存方法がわかれば安心です

冷凍できることがわかれば、予定より多く買ってもらえる可能性もあります。冷凍方法も書いてあるので、帰宅後すぐに冷凍できます

④お助けレシピを持ち帰ってもらう

　八百屋さんから、「お客さんに『かぼちゃは煮るだけが料理じゃない。薄く切ってレンジでチンしたものに焼肉のタレをかけるとか、ドレッシングを変えるだけで毎日飽きずに食べられる』と声をかけると、カットしたかぼちゃでなく丸ごと1個買ってくれる」と聞いたことがあります。現代は、少量や小さいサイズの野菜が売上げを伸ばしています。お客様の需要に合わせたこの方法ももちろん良いのですが、**逆手を取って量が多くても使い切ることができるような「お助けレシピ」をPOPに書いて、迷っているお客様の背中をポンと押しましょう。**もう1つ追加で買ってもらえるかもしれません。目からウロコのスゴいレシピでなくても、「言われてみればそうね」と思うような普通のことでいいのです。あまり難しく考えずに、お客様から質問されることや、こちらからお客様に声をかけるときの言葉を思い出してみてください。

夏場の売上げが伸びないクリームパンも、冷凍して食べられることがわかれば買いたくなります

多く買っても大丈夫だと安心できます

使い切れるかなと迷うお客様に、もってこいの情報です

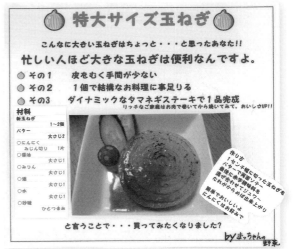

「大きいサイズはちょっと……」と二の足を踏むお客様でも、このPOPを見れば欲しくなります

よもやまコラム① POP編

■ POPは生もの

　ある直売所で見かけた卵のPOPは、「新鮮」と書いてあり、黄身がもこっと盛り上がった写真入りで、手の込んだものでした。しかし、用紙がヨレヨレで写真も劣化して変色していました。POPは古いけど実際の卵は新鮮なんだろうなとはわかっていても、気持ちよく買うことはできませんでした。POPは生ものです。常に新しくきれいなPOPを掲示するように心がけましょう。

　POPの内容が古いのもNGです。例えば春先に出荷されるタケノコに「お待たせしました！」と書くとお客様の気持ちも盛り上がります。だからと言って、収穫の最盛期や、そろそろ終了する時期に「お待たせしました！」ではしらけます。収穫の最盛期なら「今が旬です！」、終了間近な時期なら「収穫が終わる前に、もう一度味わってください！」など、常に状況に応じた内容のPOPを掲示しましょう。

■ お客様目線の大切さ

　マンゴーの直売所で、B品を"g350円"と書いて箱に貼ったところ、箱の中のマンゴーが全部で350円と勘違いする人や、1玉どれくらいの値段になるのかピンとこないお客様が多くいました。

　出荷者は正確に伝えているつもりでも、お客様から見ればわかりにくい表示だったのです。結局、お店の人が説明しないといけない状況になってしまいました。

　そこで、POPの値段表示を「1玉1300円前後」に変更しました。お客様目線とはこういうことをいうのだと思います。POPに書いたからと安心せずに、お客様がわかりにくそうだったり、反応が悪かったりしたら、POPをすぐに書き変えることが大切です。そうすることで、反応のいいPOPに育っていきます。

POP＆ラベルの書き方・つくり方

▶ 準備するもの

▶ POP文字を書いてみよう

▶ 簡単な工夫でワンランクアップ

▶ 誰でも描ける！簡単イラスト

準備するもの

ここでは、私がいつも使っている書きやすいペンや用紙を紹介しています。皆さんが同じものを使う必要はありませんが、できるだけ手に入りやすく使いやすいものを選ぶとよいです。そうでないと、POPづくりが続かないからです。この道具を参考にしながら、自分にあったものを見つけてください。

①筆記具（丸ペン、角ペン、筆ペン、色鉛筆など）

▶ポスカ

ポスカは発色がよく裏写りしません。芯がやわらかく初心者でも使いやすいです。丸芯のものを「丸ペン」、角芯のものを「角ペン」と呼びます。角ペンは、書き方によって線の太さが変えられます。

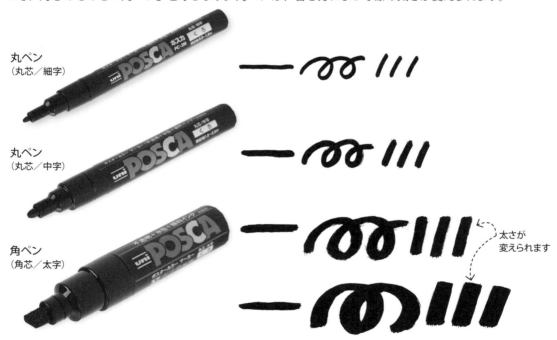

丸ペン（丸芯／細字）
丸ペン（丸芯／中字）
角ペン（角芯／太字）
太さが変えられます

▶筆ペン

筆ペン 中字（毛先がさばけるもの）

筆ペンは、必ず毛先がさばけるタイプを選びましょう。私はぺんてる製を使っています。太字、極細もありますが、まずは中字があれば大丈夫です。

▶色鉛筆

色鉛筆は、あたたかみのある表現ができます。筆圧を強くしてしっかり塗ることで、目立ちます。

▶コピック・コピックチャオ

イラスト描き用に使います。薄めの色から揃えるのがおすすめ。私は肌の色をR01（品番）で塗っています。

コピック　コピックチャオ
（コピックの廉価版）

②用紙について

▶POP用の用紙・ラベル用の用紙

POPに使う用紙は、安価で手に入れやすいものを選びます。私は白色のコピー用紙や、100円ショップで売られている色画用紙などをよく使います。ラベルに使う用紙は、使い方に合わせて選びましょう。p.67を参考にしてください。

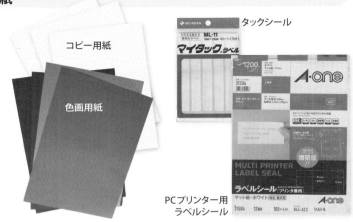

コピー用紙
色画用紙
タックシール
PCプリンター用ラベルシール

▶その他の素材を使う

その他、家に届いたダンボール箱や封筒、紙袋など、シワがなく無地の部分があれば切り取って、用紙にする方法もあります。コストもかからず、あたたかみのある雰囲気が出せます（p.56、57）。同じ出荷者が多品目を出荷する場合は、同じ素材の用紙に揃えてPOPやラベルをつくると、統一感が出せます。

また、マスキングテープをあしらったり（p.54）、台紙にきれいな模様の折り紙を使ったり（p.55）して、普通のPOPをワンランクアップすることもできます。

無地のところを選んで切り取ります

ダンボール箱
封筒
紙袋
折り紙
マスキングテープ

POP文字を書いてみよう

POPやラベルに書く文字（POP文字）は、達筆である必要はありません。わかりやすく読みやすい文字であることが何より大切です。POP文字は簡単な書き方のコツと、ペンの扱い方をおさえるだけで書けるようになります。まずは気軽に書いてみてください。

①丸ペンで書く

まず、いちばんやさしく扱える「丸ペン」でPOP文字を書いてみましょう。POP文字は書道のような達筆で立派な文字を書くのではなく、わかりやすく読みやすい文字を目指します。文字を書くのが苦手な方も、以下の簡単なポイントをおさえるだけで書けるようになります。

丸ペン

▶ POP文字を書くポイント

①文字を右上がりにしない

文字の横線を右上がりにせず、水平に書くようにします。

②続けて書かない

1画ずつペンを用紙から離して書きます。このとき、線ははねたり払ったりせずに、最後は止めるように書くようにします。

すき間がつぶれないように注意しましょう

③線を短くしない

線を途中から書いたり、途中で終わらないように書きます。

線が途中で途切れないように

POP＆ラベルの書き方・つくり方　PART3

▶ 丸ペンで書く文字の見本

ア	イ	ウ	エ	オ	ガ	ギ	グ	ゲ	ゴ
サ	シ	ス	セ	ソ	タ	チ	ツ	テ	ト
ナ	ニ	ヌ	ネ	ノ	パ	ピ	プ	ペ	ポ
あ	い	う	え	お	か	き	く	け	こ
ざ	じ	ず	ぜ	ぞ	た	ち	っ	て	と
な	に	ぬ	ね	の	ぱ	ぴ	ぷ	ぺ	ぽ
新	鮮	採	掘	野	菜	果	物	魚	肉
作	農	家	春	夏	秋	冬	手	食	安

1234567890円

文字間を詰めて書くと、
読みやすいです

昔ながらの味　甘さひかえめ

お母さんの味　　今が旬！

自家製　手づくり　美味しい

地元の野菜　体にやさしい

②角ペンで書く

「角ペン」は、丸ペンよりも太くてインパクトのある文字を書くことができます。また、持ち方と書き方を変えれば、細い文字と太い文字を書き分けることもできます。POPの本文用の小さい文字からタイトル用の大きい文字まで幅広く使えます。

角ペン

▶角ペンで太い文字を書く場合

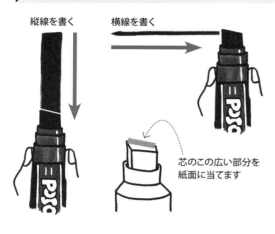

角ペンの芯の広い部分を紙に当てて、線を書きます。縦線は太い線になり、横線は細い線になります。

縦線と横線の太さの差が大きいので、2行以上の文章に使うと見にくいですが、大きいタイトル文字を書くには最適です。

×ジャム → ○ジャム

濁点を書くときは、細く書くとスッキリして見やすいです

▶角ペンで細い文字を書く場合

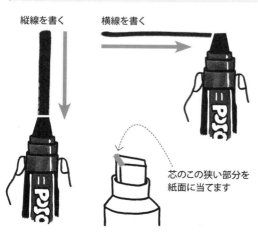

角ペンの芯の狭い部分を紙に当てて、線を書きます。縦線も横線も細い線になります。

角ペンの太い線より小さい文字も書けます。

POP＆ラベルの書き方・つくり方　● PART3

▶ 角ペンで書く文字の見本①太い文字

アイウエオカ

新鮮採野物卵

玉ねぎ きゅうり

ほうれん草

▶ 角ペンで書く文字の見本②細い文字

アイウエオあいうえお

新鮮採掘野農

じゃがいも はくさい

ご予約承ります

③筆ペンで書く

「筆ペン」は、丸ペンや角ペンよりもあたたかみがあり、味のある文字を書くことができます。毛先のさばけるタイプの筆ペンを使うことで、太い線から細い線まで自由に書けます。いわゆる書道の文字とは違うので、「読みやすさ」がいちばん大切です。

筆ペン

▶線の書き方

書道の文字で見られるような「とめ」「はね」などは使いません。図1の形にならないように、筆ペンを横にして先端からすっと入れるようにします（図2）。縦線を書く場合は図3のようにします。

太く書きたいときは、筆先の根本までぐっと紙面に押しつけます。もっと太い線を書きたいときは、筆ペンの軸の部分を寝かせて書きます（図4）。縦線を書く場合は図5のようにします。

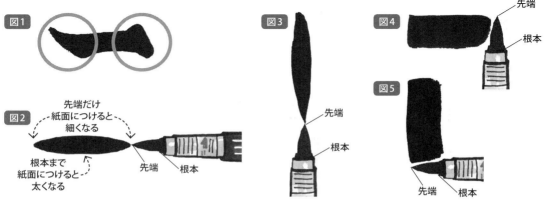

▶文字の形

文字の形を逆三角形にすると、よりあたたかみのある文字になります。1画めを長く書くと、逆三角形になります。筆ペンの場合も、p42と同じように右上がりにせず、続けて書かないようにすることがポイントです。

▶文字の太さで印象が変わる

全部の線を同じ太さで書かずに、ところどころ太い線にすると個性的な文字になります。一度すべての文字を同じ太さで書いてから、太くしたいところに重ね書きしても大丈夫です。

POP＆ラベルの書き方・つくり方 **PART 3**

▶ 筆ペンで書く文字の見本

あいうえおがぎぐげご

アイウエオガギグゲゴ

新鮮採掘野果物

¥1234567890円

昔ながらの味つけ　甘さひかえめ

自家製　季節限定　特産品

鍋野菜　手づくり　旬です！

恵方巻　地元の野菜を使ってます！

④大きくて太い文字の簡単な書き方

　　POPやラベルにメリハリを出すには、タイトルを大きくて太い文字にすることが大切です。基本の文字から肉づけしていきます。

▶ カドが「角」の文字の場合

①

最初に、基本となる文字を書きます
（ここでは丸ペンで書きました）

②

①で書いた文字を中心に肉付けします

③

塗りつぶしたら、できあがり

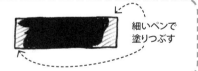

全部を塗りつぶさずに、わざと白い部分を
少し残しても、手書きの良さが出ます

Point！

文字は「カド」が大切。「角」がきれいな形になっていない場合は、細いペンでカドを塗りつぶして修正しましょう。

細いペンで塗りつぶす

▶ カドが「丸」の文字の場合

角ペンで書いてもカドを丸くしてふんわりした雰囲気にすることができます。

①

角ペンで書いてから、丸ペンで丸い輪郭を肉付けします

②

丸ペンで塗りつぶしたら、できあがりです

⑤いろいろな応用文字と吹き出し

▶応用文字

文字の基本的な書き方に慣れてきたら、それらを応用していろいろなタイプの文字が書けます。

▶吹き出し

吹き出しを書くとその部分が強調できたり、楽しい雰囲気になります。

⑥レイアウトの考え方

　本書掲載のPOPやラベルの例は様々なレイアウトで書かれていますが、共通して言えることは「メリハリ」があるということです。**メリハリを出すには、1枚の用紙の中で「一番大切な言葉」を大きく太く書きます。**何が一番大切な言葉なのかは、以下のように状況によって変わりますので、臨機応変に対応しましょう。最初に一番大きい文字から書くようにするとメリハリが出しやすいです。

▶一番大切な言葉を一番大きく書く①

　野菜などの出荷物の名前を一番大きく書いてしまいがちですが、その野菜がたくさん売場にあり、出荷者も多い場合は、キャッチコピーを大きく書くほうが効果的です。反対に、売場にその出荷物が少なく、コーナー名もない場合は、出荷物の品目名を大きく書くとわかりやすいです。

× 全ての項目がほぼ同じ大きさで書かれていてメリハリのないPOPは、目に止まりにくいです

○ キャッチコピーを一番大きく
ブロッコリーを出荷している人が多いとか、店側でコーナー名を表示している場合は、キャッチコピーを大きく書くと効果的です

○ 品目名を一番大きく①
ブロッコリーの出荷者が少なく品目名のPOPがなければ、品目名を大きく書きます

▶一番大切な言葉を一番大きく書く②

　品目名を一番大きく書く場合は、味や調理法の違いを明確にしたキャッチコピーを書くと、お客様が選びやすいです。また、イベントなどで値段を安く設定する場合は、値段を一番大きく太く書くとお買い得感が出ます。

品目名を一番大きく②
品目名を大きく書き、味や調理法をわかりやすく書きます

値段を一番大きく
用紙の3分の1ほどを使って価格を書き、お得感を出しました

⑦もしもレイアウトに失敗したら

なるべく時間をかけずにPOPをつくりたいですね。そこで、レイアウトに失敗してもそのPOPを活かして修正してみましょう。逆に効果的なPOPに変身します。

▶ メリハリがなくなってしまったら→下線を引く

メリハリのないPOPになってしまったら、赤色のペンで下線を引いたり、蛍光ペンで文字を塗り足せば目立たせることができます。大切な言葉の上に、「●」を書いても目立ちます。

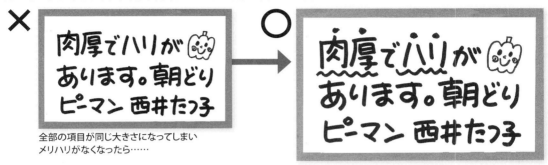

全部の項目が同じ大きさになってしまいメリハリがなくなったら……

▶ 空白ができてしまったら→文字やイラストを書き足す

空白ができてしまったら、そこに文字を書き足したり、イラストを描き足してバランスを取ります。

用紙の右に大きな空白ができてしまったら……

▶ 書きたい内容を入れ忘れてしまったら→吹き出しで追加する

完成してから、入れたい内容を書き忘れたことに気づいたら、別紙に書き忘れた内容を書いて、吹き出し型にして後づけします。

書き忘れた内容を入れる隙間がない場合は……

簡単な工夫でワンランクアップ

私が普段POPを書いているときによくする、ちょっとした工夫をご紹介します。すぐに手に入る用具で、安く、簡単にできるものばかりです。明らかに見た目に差がつくので、覚えておくと便利です。

①水玉模様を描き加える

書いたPOPをワンランクアップさせる簡単な方法は、なんといっても「水玉模様」を描き入れることです。**楽しい雰囲気になるばかりか、レイアウトを修正することもできます。**例えば文字が左側に片寄って右に空白ができたら、p.51のような方法もありますが、水玉を右に描くことで空白が埋まり、バランスがよくなります。水玉模様は、ペンよりも色鉛筆で描くのがおすすめです。色鉛筆は主張しすぎずあたたかいイメージになるので、直売所にぴったりです。それでも筆圧が弱すぎると水玉の存在感が出ないので、少し離れた位置から見て、色の濃さを確認して調整してください。水玉のサイズを小さくして、数多く描くのも個性的でおもしろいです。

空いたスペースに大小の水玉を描くことで、バランスが取れました（p.16参照）

ペン先のインクをティッシュにつけ、そのティッシュを用紙にこすりつけて水玉模様をつくりました。ティッシュにインクをつけすぎないのがコツ

小さな水玉をたくさん描いても個性的でおもしろいです

②罫線をあしらう

　POPの周囲に罫線を引くだけで、見違えるように活気が出ます。p.55の「台紙を工夫する」と同じで、全体を引き締める効果もあり、センスアップします。**できあがったPOPの周囲に余白があり過ぎて寂しく感じる場合も、罫線を書くことで解決します。罫線は定規を使わずフリーハンドで描きましょう。真っすぐではないところに味わいが出ます。**ペン、クレヨン、色鉛筆、筆ペンなど、何で描いてもいいです。クレヨンはかわいい雰囲気になりますが、描いた部分に触れてしまうとお客様もPOPも汚れてしまうため、ラミネート加工（p.57）をしておきましょう。

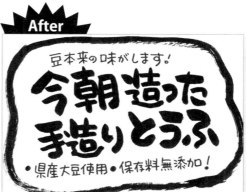

筆で罫線を描くと、かすれたところが味わいになります

色鉛筆で罫線を描くと、ナチュラルなイメージに。色鉛筆は線幅が細いので、複数本描くことで太さを調整しました

クレヨンで太く罫線を引くと、かわいいインパクトが出せます

③マスキングテープを貼る

　POPの雰囲気に合った模様や色味のマスキングテープを貼ることで、POPのイメージをアップすることができます。マスキングテープは、様々な模様のものが文具店や100円ショップで販売されています。自由に貼って剥がせるのも人気の理由です（用紙の質や貼った期間によっては剥がしにくい場合もあります）。マスキングテープは、模様の一部がPOPやラベルに使っている色と共通しているものを選ぶと統一感が出ます。犬やクマ等のイラスト入りのものは主張が強すぎるので避けるほうが無難です。

市販のマスキングテープ

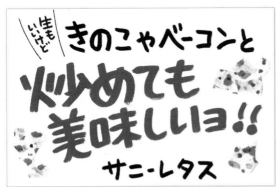

POPの余白に、手でちぎったマスキングテープを貼りました

マスキングテープを逆ハの字に貼って、文字を強調しました

用紙の左端に、縦に1本マスキングテープを貼るだけで、雰囲気が出ます

模様の違うマスキングテープをちぎって貼っています。模様は違いますが、全部のテープに黄色や橙色が入っているので統一感があります（p.16参照）

④台紙を工夫する

　完成したPOPよりもひと回り大きな画用紙を用意して、そこにPOPを貼ると、簡単にワンランクアップします。これは絵画の額縁と同じ効果で、全体に見栄えがよくなるのです。台紙になる画用紙の色は、黄、薄桃、黄緑、水色などの薄い色では優しい雰囲気になり、黒、赤、緑、青などの濃い色ではPOPが引き締まります。いずれも、POPに書いてある文字の色と合わせると統一感が出ます。POPの色数が少なくシンプルすぎる場合は、画用紙の代わりに模様のある折り紙や包装紙を使ってもいいでしょう。また、POPの内容が「ふんわり食感」などの優しい雰囲気の場合は、POP用紙や台紙を四角形にせずに丸みを持たせるのもいいですね。四角形のPOPが多い売り場では、丸みのあるPOPは注目度アップにもつながります。

台紙の色を濃くすると、POPが引き締まります

POPの内容に合わせて、用紙と台紙を丸くカットしました

模様のついた折り紙を、台紙に貼りました

別の用紙に、模様のついた折り紙を貼って台紙をつくりました（p.16参照）

1枚の台紙に、3枚の用紙をレイアウトしています

⑤ダンボールに書く

　ダンボールに書かれたPOPは、あたたかみがあり、直売所のイメージに合っています。私たちの身近に多くある素材で、しかも費用がかからないところが魅力です。**ダンボールにPOPを書く場合のポイントは3つです。** ①ダンボールは定規でていねいに切り取ること。剥がれていたり、折れ曲がったところがないようにします。②ダンボールの色はなるべく濃いものは避け、薄いものを選ぶようにすること。濃い色のダンボールは暗く見えてしまい、見栄えがよくないのです。③ペンはポスカなどの不透明なものを使うこと。発色がよく目立ちます。

白で下地を塗った上に文字を書きました。
白が多くなることで、明るいイメージになります

オシャレなダンボールPOP

立て札の形に
ダンボールを切り抜いて、
立体POPにしました

スプーンのイラストを別のダンボールに描いて
貼りました

文字のまわりに白のペンでアクセントを入れることで、
明るく文字が目立つようになります（p.16参照）

⑥家に届いた茶封筒に書く

　茶封筒の色は、ダンボールと同じであたたかみがあり直売所のイメージによく合います。**白の用紙に書いたPOPが味気ないと感じたら、用紙に茶封筒を使ってみましょう。** 表は宛名書きがあるので、裏（つなぎ目は避ける）をカッターで切り抜いて、POP用紙にします。茶封筒はわざわざ新しいものを買う必要はなく、郵送で届いたものでも、シワになっていなければ使えます。段ボールと同じで濃い色の封筒は避け、薄めの色のものを使うと暗い印象になりません。茶封筒に書くときは筆ペンがおすすめ、抜群の相性です。

イラストは別にコピー用紙に描いて、茶封筒に貼りました。下の模様はマスキングテープです（p.16参照）

茶封筒に書くと、直売所らしい色合いのPOPがつくれます

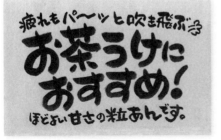

茶封筒の色と筆ペンがよく合っています

ジャガイモは、茶封筒を丸く切り抜き、目と口を描いてからシワを寄せました（下地は画用紙）

Hint!

POPやラベルの保護にラミネーター

ラミネーターを使ってラミネート加工すると、せっかくつくったPOPやラベルがすぐにシワになったり傷んでしまうのを防ぐことができます。水にも強いので、水に濡れる心配のある売り場や屋外でも安心です。

⑦写真を使う

　百聞は一見にしかずという言葉通り、大自然で育てた農産物の説明をくどくどしなくても、その大自然の写真をPOPに貼ることでお客様は一目で理解してくれます。
　「中に大きな栗が入っています」という文章に、実際にまんじゅうを割って栗を見せた写真を貼るなど、写真の使い方は様々です。
　出荷者の顔写真が貼ってあれば、「栽培方法や味に自信があるからだな」とお客様は安心感を持ちます。顔写真は、作業中の写真でなければ、笑顔の写真を使う方が好印象です。その写真からマンガのように吹き出しをつけて、「すっごく甘いよ〜」「朝採ってきたよ！」などの話し言葉を入れると、興味を持って読んでくれます。

お弁当の写真があると一目瞭然。
出荷者の笑顔も好印象で、
お客様は安心できます（p.16参照）

手ですくい上げた土の写真を貼ることで、
農法に自信があることをアピールできます

集中して作業している姿に
好感が持てます

写真を貼れば、
この湧水を使っていることが
一目でわかります

⑧フラッグPOP＆ミニのぼりPOP

ただ紙に書くだけでなく、少し立体的にすると楽しく目立つPOPがつくれます。しかも、身近なもので簡単につくれるのです。**おすすめは、間違いなくPOPがかわいらしくなる「フラッグ（旗）POP」**です。三角形にカットした画用紙を両面テープでヒモにつけ、それをPOPに貼るだけです。洋風のイメージにはピッタリです。**もう1つのおすすめは「ミニのぼりPOP」で、菜箸と画用紙でつくれます。** 菜箸は100円ショップでカラフルでかわいい柄からカフェ風のオシャレな柄まで揃っています。画用紙の色を落ち着いたクリーム色や薄桃色にすると、周囲に馴染みつつ何気なく目立ちます。イベントのときは濃い黄色の画用紙でつくると、活気が出ます。画用紙の色や菜箸の模様で雰囲気が変えられるので、さまざまな場面で使えます。

Before

After

普通のPOPにフラッグをつけるだけで、グンとインパクトが出て、オシャレになります

100円ショップの菜箸でつくりました

黄色の紙を使うことで元気に見えます

帯の部分にはマスキングテープを貼っています

紙をベージュにして、カフェ風に仕上げました

誰でも描ける！ 簡単イラスト

　POPやラベルに無理にイラストを入れる必要はないですが、イラストが入っていたほうが注目度が高くなることが多いです。しかも、手描きのイラストは、ほのぼのした雰囲気が生まれます。イラストは図形の組み合わせだと考えれば、誰でも簡単に描くことができるので、ぜひ活用してください。

①家族の顔を描いてみよう

　「基本の顔」を1つ描けたら、それを少しずつ変更するだけで、家族全員のイラストが描けるようになります。

▶ 基本の顔

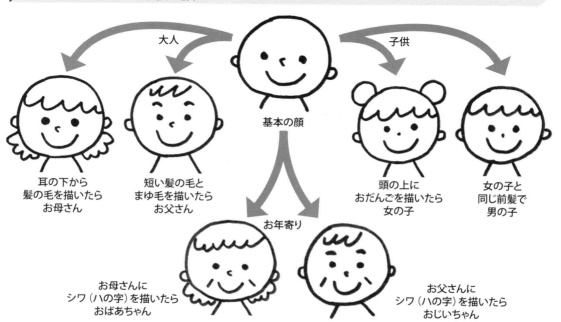

▶ 基本の顔を応用した家族の顔

②変化をつけてみよう

　家族の顔が描けたら、髪型や表情に変化をつけたり、手の動きを加えてみたり、帽子をかぶせてみたりしましょう。表現の幅が広がります。

▶女性の髪型いろいろ

基本の顔を元に、髪型を変えれば、いろいろな女性が描けます。

▶表情いろいろ

基本の顔を元に、目や口の形を少し変えるだけで、いろいろな表情がつくれます。

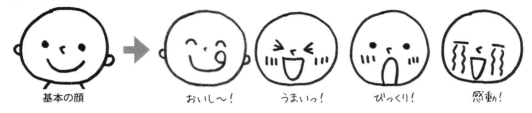

▶手の動きを加える

▶帽子やヘアキャップを加える

帽子やヘアキャップも、簡単な線を加えるだけで描けます。

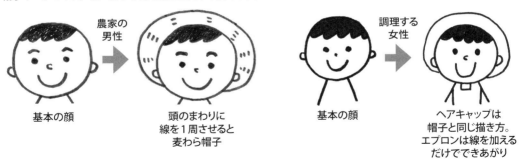

③直売所で出番の多いイラストの描き方

　直売所でよく使われそうなイラストが描けると便利です。これも簡単な図形を描くつもりでチャレンジしてください。

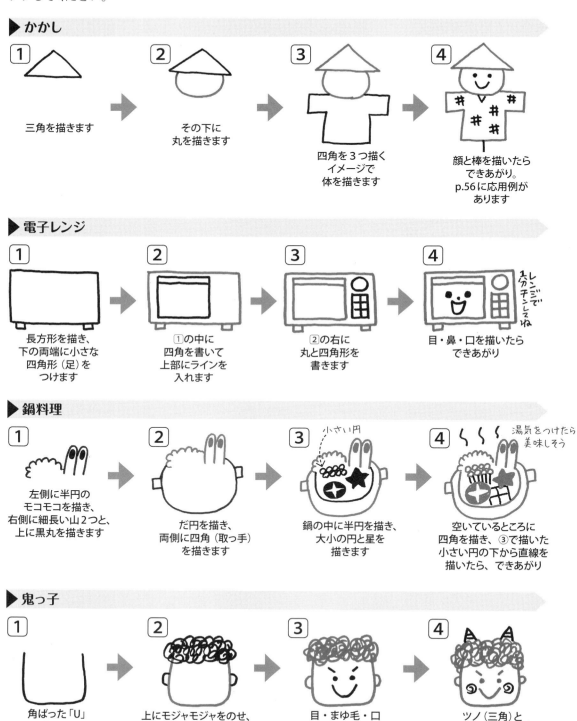

④ ○△□で描く野菜&果物の簡単イラスト

○△□で輪郭をとらえると、描きやすいです。目や口を描いて表情をつけると、楽しい雰囲気になります。

▶ ○から描くイラスト

▶ □から描くイラスト

▶ △から描くイラスト

▶ ○(だ円)から描くイラスト

⑤季節の簡単イラスト

例えばわらびのイラストが描けなくても、春の代名詞というべき桜やちょうちょを描けば、春の雰囲気が出せます。秋の味覚なら、きのこやどんぐりで表現することもできます。

▶ 春の簡単イラスト

▶ 夏の簡単イラスト

▶ 秋の簡単イラスト

▶ 冬の簡単イラスト

ラベルづくりの実際

▶ 自作のラベルをつくろう

▶ ラベルづくりのひと工夫

自分でラベルをつくろう

　商品の顔であるラベル。つくるには手間もコストもかかりますが、お客様へのアピール力がアップすることを思えば、それだけの価値はあります。ラベルはサイズは小さいですが、その存在感は大きいのです。本格的な贈答用につけるものでなければ、ちょっと不慣れな雰囲気のある手づくりラベルのほうが、ほのぼのとしていい味になります。気軽に始めましょう。

①ラベルの必要性

たくさんのミカンが並ぶ売場

かわいいイラストの描かれたラベルが貼られたミカンは目立ちます

▶ラベルはアピール力が抜群

　私は直売所で、ミカンを買うのに苦労したことがありました。多くの生産者が出荷しているたくさんのミカンの中から、美味しいミカンの選び方の知識を持たない私は、どれを選べばいいのか見当がつかなかったからです。

　そんなとき、ふと袋にかわいいイラストがあるミカンに目が留まりました。即座にこれを買おうと決めました。このように、ラベルが貼ってあるだけで商品のアピール力がぐんと高まります。

▶こんな状況にラベルがおすすめ

　以下のような状況に、ラベルは即効力を発揮します。ラベルをつくって貼る作業は手間と経費はかかりますが、すぐに取りかかりましょう。

① POPスペースが狭く、小さいPOPしか掲示できなかったり、店舗がPOPを禁止している場合。
② POPと出荷物の位置がずれて、ほかの生産者の出荷物と混ざってしまう。
③ リピートするお客様が少ない（お客様が以前買った生産者の出荷物を探せない）。
④ リーフレット代わりに調理法を伝えたい。

②ラベルをつくるにはいろいろな方法がある

出荷物の数量や、パソコンの得手不得手など、状況は様々です。時間や費用の面で無理なく続けるために、いろいろな方法の中から自分に合ったものを選んでください。

▶シールに手書きする（パソコンやコピー機など一切不要でつくれる）

出荷数が少なく、パソコンやコピー機がない方におすすめなのが、既製品のシールに全て手書きをする方法です。シールは、タックシール、ラベルシール、名前シールなど、メーカーにより商品名は様々ですが、要はシールになっているラベルのことです。文具店や100円ショップで売っています。大きさや形の種類が豊富なので、シールを選ぶときは、実際の出荷物を文具店に持っていくと失敗しません。

▶手書きで書いたものをコピーする

手書きで書いたものを必要枚数コピーして、出荷物にセロテープや両面テープで貼ります。少量のラベルづくりにおすすめです。高級感はありませんが、直売所ならではの手づくり感があります。

▶手書きやパソコンでつくったものをシール印刷する

A4サイズが印刷できるプリンターがあれば、市販のシールシートに印刷できます。シールの形やサイズは様々（シート自体はA4サイズが多い）で、耐水性になっているものもあります。最初から大量に買わずに、まずは雰囲気や機能を確認してみてください。

▶印刷屋に発注する

大量にラベルが必要な場合や、お中元などの贈答用につけるラベルの場合は、デザインも引き受けてくれる印刷屋に発注してもよいでしょう。ただし、デザイナー（印刷屋）任せにせずに、こだわりや特徴など自分の意見を伝えましょう。デザイナーは、デザインはできても「売る」という概念のない人も多いです。気後れせずに、積極的に意見を伝えましょう。

ラベルづくりのひと工夫

ラベルの必要性はわかっても、やっぱりできるだけ手間はかけたくないし、コストもおさえたいと思いますよね。それに、せっかくつくるならアピール力のあるものにしたいです。そこで、私がラベルづくりで実際に工夫していることや、直売所で見た「なるほど」と思った例を紹介します。

①低コストで手間をかけないひと工夫

ラベルづくりのコストをおさえるには、デザインや貼り方の工夫が大切です。

▶ラベルと食品表示を一緒に印刷する

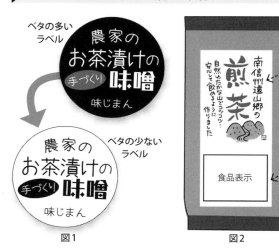

ラベルを自作してパソコンから印刷する場合、プリンターのインク代が結構かかります。インク代をおさえるためには、バックに濃い色を付けたり、ベタ（色で塗りつぶしている部分）が多すぎないようにするとよいです（**図1**）。

また、食品表示は裏面にあるほうが見栄えはいいですが、贈答用や高級品でなければ、ラベルと一括表示するのもひとつの手です（**図2**）。

▶食品表示シールにはさんでラベルを貼る

左の例では、裏面がシールではないラベルの一部を、食品表示シールにはさんでいます。ラベルをシールにしなくてもいい手軽さがあり、ラベルと食品表示シールを一度で貼れるので、時間短縮にもなります。見た目は美しいとは言えませんが、直売所ならではの素朴さに親近感を覚えます。売場でもよく目立っていました。

②ラベルに入れる一言をひと工夫

ラベルはPOPと違い用紙のサイズが小さいので、文字数をたくさん書くことができません。せいぜい一言か二言です。その中で、効果的な内容を書くように工夫しましょう。

【野菜や果物につけるラベルの場合】 野菜や果物には、生産者名や、新鮮さ（朝どり、もぎたて等）、美味しさ（甘いよ、香り高い等）、使い方（天ぷらに、おひたしに等）を書きましょう。目印にオリジナルのマークがあれば、リピーターが見つけやすいです（p.70）。

【加工品につけるラベルの場合】 加工品の場合は、出荷物の名称の前に「農家の」や「自家製」と書くだけでも、様々な情報がお客様に伝わります。例えば、桃農家が桃ジャムをつくっているなら、「桃ジャム」だけでなく「桃農家の自家製桃ジャム」と書くだけで、新鮮で美味しい桃を使い、余計なものを入れずにつくっている、安心できるものに違いないとお客様に察していただけます。食材を自分で栽培していない場合でも、「地元の食材でつくりました」「全て国産」などと書けば、安心してもらえます。その他、「果肉入り」や「ゆずの香りがさわやか」など特徴を書いてもよいでしょう。

野菜につけたラベルの例。「煮物や天ぷらに」で使い方を、「午後に採りました」で新鮮さを伝えています

加工品につけたラベルの例。「農家の」「手づくり」「果肉入り」など、お客様の心をくすぐる言葉が入っています

野菜を多品目出荷しているなら、野菜名を書かずに共通している内容を書くことで、複数の野菜に使えます

味噌のラベルは比較的スペースが広いので、原材料（地元の○○、国産の○○100％）なども書きました

帯状のラベルの例。用紙を帯状に切って、商品に巻けます。コピー用紙などに印刷すれば、コストもおさえられます

③アピールを高めるひと工夫

いろいろなラベルの中で選んでもらいやすい工夫が必要です。初めてのお客様はもとより、リピーターにも見つけてもらいやすい方法を紹介します。

▶マークをつける

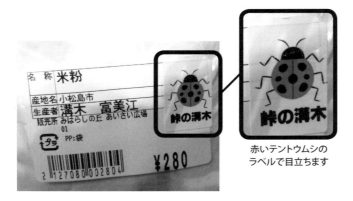

赤いテントウムシのラベルで目立ちます

自分独自のマークをつくり、出荷物に貼ることで、小さくても目印になります。左の出荷者の場合、多くの出荷物を複数の売場で売っていますが、売場が違ってもこの「赤いテントウムシ」ですぐにこの出荷者のものだということがわかります。リピート客にとっても、出荷者の名前を覚えておかなくてもいいので便利です。

▶笑顔の写真や似顔絵を入れる

顔写真入りのラベル　　似顔絵入りのラベル

POPと同様に、ラベルにも顔写真や似顔絵を入れると、お客様に覚えてもらいやすくなります。

顔写真は、生産者が一目瞭然なので、信頼感のアップにつながります。笑顔の写真を入れましょう。

似顔絵は似ていなくても大丈夫。似顔絵の存在に意味があるのです。

▶簡単な調理法を入れる

図1　　図2

簡単な調理法をラベルに書いておくと、お客様に喜んでもらえます。

図1の金かぶは珍しい食材ですが、一言調理法が書いてあるので、買いやすいです。

図2の場合は、調理法の情報量が多いので、調理法を印刷した用紙を袋の中に入れています。

④売場でラベルを活かすひと工夫

いくらラベルがうまくつくれても、それが売場（現場）でお客様にどう見えているのかを確認しなくてはいけません。

▶ラベルとPOPを統一させる

ラベルに写真やイラストなどのマークをつけたら、POPにも同じマークをつけましょう。売場に統一感が出て、商品の置き場が少しずれてもお客様は迷うことなく選んでくれます。

左の例は、パンのラベルとPOPに出荷者の似顔絵を入れています。同じマークが多く目に入ることで、売場全体のアピール力が上がっています。

▶ラベルを貼る位置

直売所に出荷する場合は、自分で商品を陳列する位置や高さを決めることができません。商品が目線の高さに陳列されていれば側面のラベルが見えますが、商品が平台に置かれてしまうと、図1のように上から見下ろすことになります。そうすると、無地のフタの上ばかりが見える状態になってしまい、肝心の側面のラベルが見えません。その場合は、図2のようにラベルをフタにも貼るようにしましょう。

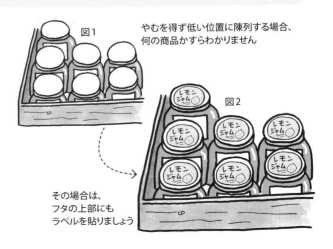

やむを得ず低い位置に陳列する場合、何の商品かすらわかりません

その場合は、フタの上部にもラベルを貼りましょう

よもやまコラム② ラベル編

吊り下げラベル

商品の特徴や調理法、味のこだわりなどを詳しく伝えたくても、通常のラベルではスペースが小さくて書き切れない場合が多いです。そんなときに、通常のラベルと併用して「吊り下げラベル」を使うと便利です（図1）。

吊り下げラベルを2つ折りにすることで、商品の使い方などの情報をたくさん載せることができます（図2、図3）。

図4は、市販の荷札をラベルにしました。針金が短いので、マスキングテープでとめています。荷札は印刷ができないので1枚ずつつくらないといけませんが、消しゴムハンコを使ってスタンプすると早くつくれて、しかも、いい味になります。

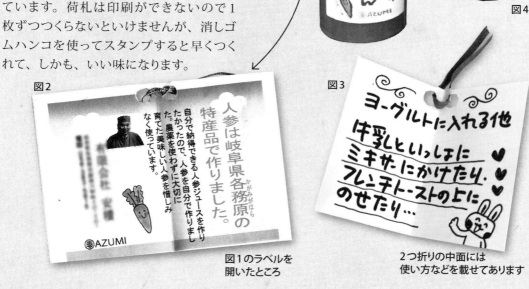

図1のラベルを開いたところ

2つ折りの中面には使い方などを載せてあります

荷物用の荷札に消しゴムはんこをスタンプして、吊り下げラベルにしました

開封シール

新品の状態から開封したことがわかるようにしておかないと、PL法（製造物責任法）に触れてしまいます。フィルムで密閉するといいですが、コストが高くなります。そこで、ラベルの形を工夫する（図5）とか、別に開封シールを貼る（図6）などの工夫をしてみてください。開封シールをはがすと、「開封済」という印字が残るものもあります。

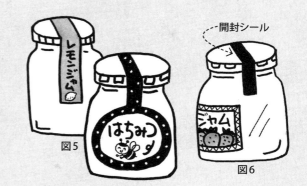

便利な付録集

▶ 4カ国語対応キャッチコピー集

▶ コピーして使えるラベル集

4カ国語対応キャッチコピー集

増え続ける外国からの観光のお客様向けに、よく使われるキャッチコピーを日本語・英語・中国語・韓国語で示していますので、ご活用ください。

	日本語	英語	中国語	韓国語
味・食感・食べ方	揚げたて	Freshly Fried	刚炸好	막튀긴것
	あつあつ	Very Hot	非常热	뜨거움
	甘い	It is Sweet	甜	달다
	甘辛	Salty-Sweet	甜辣	달고맵다
	辛い	Spicy	辣	맵다
	激辛	Very Spicy	特辣	엄청맵다
	酸っぱい	Sour	酸	시그럽다
	とろとろ	Thick and Creamy	黏糊糊	끈적끈적
	ふわふわ	Fluffy	柔软	푹신푹신
	もっちり	Resilient	有弹力	부드러운
	ごはんにかけて食べてください	Sprinkle on Rice and Eat	洒在饭上面吃	밥이랑같이드세요
	魚で出来たおかずです	It is a Side Dish Made of Fish	用鱼做的料理	생선으로만든요리입니다
	これは日本のお菓子です	These are Japanese Sweets	这是日本的点心	이건일본과자입니다
	魚を干しました	We Dried Fish	晒干的鱼	생선을건조시켰습니다
新鮮・安心・健康	今朝つくりました	We've Made This Morning	今天早上做的	오늘아침만들었습니다
	新鮮	Fresh	新鲜	신선
	つくりたて	Freshly Made	刚做好	막만든것
	採れたて	Freshly Picked	刚采取	막찾은것
	合成着色料・保存料 無添加	No Artificial Coloring and Preservatives	无添加合成着色剂 防腐剂	합성착색료보존료무첨가
	地元でつくりました	Locally Made Product	在本地做的	현지에서만들었습니다
	自家製	Homemade	自家制	가정제
	手づくり	Handmade	手工制	수제
	心を込めてつくりました	We've Made It with All Our Hearts	用心做的	마음을담아만들었습니다
	ひとつひとつ丁寧につくりました	We've Made It One by One with Great Care	一个一个细心做的	하나하나정성껏만들었습니다
	昔ながらのつくり方でつくりました	We've Made It According to the Traditional Recipe	按以前做法做的	옛날방식으로만들었습니다
	ローカロリー	Low Calorie	低卡路里	낮은칼로리
人気・おすすめ・お知らせ	今、売れてます	It's Popular Now	热卖中	지금팔리고있습니다
	大好評	Very Popular	大受欢迎	대호평
	大人気	It's in Vogue	很人气	대인기
	スタッフおすすめ	Clerks Recommend	服务员推荐	스태프 추천
	店長のおすすめ	Store Manager Recommends	店长推荐	점장 추천
	お買得です	Bargain	划算	싸게살수있어요
	試食できます	You Can Taste	可以试吃	시식됩니다
	当店は現金払いのみです	Our Shop Only Accept Cash	本店只收现金	당점은현금지불만취급합니다
	開封しないでください	Please Do Not Open	请勿拆开	개봉하지마세요
	カゴをお使いください	Please Use a Basket	请使用筐	바구니를사용해주세요
	要冷蔵	Please Keep Refrigerated	需要冷藏	요냉방

便利な付録集 ● PART 5

コピーして使えるラベル集①今朝とりました

空いているところに出荷者の名前や生産物の名称などを書き、コピーするとラベルができます。
115%拡大コピーすると、ちょうどA4サイズになります。

コピーして使えるラベル集②手づくりしました！

空いているところに出荷者の名前や生産物の名称などを書き、コピーするとラベルができます。
115％拡大コピーすると、ちょうどA4サイズになります。

便利な付録集 ● PART 5

コピーして使えるラベル集③農家の自家製

空いているところに出荷者の名前や生産物の名称などを書き、コピーするとラベルができます。
115％拡大コピーすると、ちょうどA4サイズになります。

コピーして使えるラベル集④新鮮ですヨ

空いているところに出荷者の名前や生産物の名称などを書き、コピーするとラベルができます。
115%拡大コピーすると、ちょうどA4サイズになります。

便利な付録集 PART 5

コピーして使えるラベル集⑤ いろいろ

コピーするとラベルができます。おはぎの吹き出しには「農家の」「3色の」などのコピーが書けます。
115%拡大コピーすると、ちょうどA4サイズになります。

著者紹介

石川 伊津（いしかわ いつ）

株式会社ビーアップ取締役。大阪府生まれ。POP広告クリエイター。イラストレーター。
1990年からPOPの仕事を開始。大手から中小まで、企業のあらゆる販促ツールの制作活動を経てPOP講師を務める。現在は全国各地で様々な業種のPOP講習会で講師、店舗での販促改善指導、業界紙などへの寄稿を行う。また、挿絵などイラストレーターとしても活躍中。
著書：『ぐんぐん売れる! POPのきほんとツボ』『売上げ倍増! パターンで書く3分間POP』『女心をつかむPOP』『中国語・韓国語・英語・日本語対応! おもてなしPOP』（以上共著）廣済堂出版、『手描きであったか! 食のPOPイラスト＆タイトルCD-ROM』マール社、『農産物直売所 売り上げアップの秘訣』（共著）家の光協会、『動画で学べる! 手書きPOP』（共著）パルディア等。

▶ 株式会社ビーアップのホームページ ➡ http://www.pop21.biz
▶ 石川伊津のブログ ➡ http://www.pop21.biz/blog/

協力（五十音順・敬称略）：
あいち尾東農業協同組合 日進園芸センター・日進産直友の会／安積 保／岩田 歌江／浦上 和子／太田 マユミ／奥田 幸子／片山 恵美／葛木 ひで／桐島 正一／河野 美智子／川原 和江／幸田 紀代／佐藤洋蘭園／染田 良作／下田 美保子／庄野 久美子／職彩工房たくみ 尾崎 梓／生本 清美／高橋 えみ子／田川 直子／筒井 佳仙／鳥羽田 いつ子／豊田 聡史／中田 博文／野口 忠司／平野 喜代美／福元 純子／藤尾 絹代／舩越 美治代／前山 智之／松岡 みずほ／丸岡 泰代／溝木 富美江／森 雅也／山口 博史／山下 文子／六島 正貴／Lita blanc

写真提供（五十音順・敬称略）：
倉持 正実（p.19左上）／田中 康弘（p.2上）／戸倉 江里（p.16左下、p.58左上、ともに集合写真）

STAFF
編集・本文デザイン・DTP：アトリエ・ジャム（http://www.a-jam.com）
カバーデザイン：阪本 浩之

稼げる!
農家の手書きPOP＆ラベルづくり

2018年 10月 25日 第1刷発行
2022年 11月 5日 第2刷発行

著　者　石川 伊津	発 行 所	一般社団法人 農山漁村文化協会
		〒107-8668
		東京都港区赤坂 7-6-1
		電話　03-3585-1142（営業）
		電話　03-3585-1147（編集）
		FAX　03-3585-3668
		振替　00120-3-144478
		URL　https://www.ruralnet.or.jp
	印刷・製本	凸版印刷（株）

ISBN978-4-540-17101-7
〈検印廃止〉
© Itsu Ishikawa 2018 Printed in Japan
定価はカバーに表示してあります。
落丁・乱丁本はお取替えいたします。